矮行星：

个头较小的行星，运行轨道
上还夹杂着其他天体。

小行星：

游荡在太空的岩石块。
通常位于小行星带。

宇航员：

也叫宇宙飞行员、
航天员、太空人！

彗星：

来自太阳系边缘的"脏雪球"，
接近太阳时会释放尘埃和气体，
长出两条长达数千公里的尾巴。

献给来我漫画工作坊的所有孩子，我喜欢向你们讲述太空。

献给诺诺、塞利、马塞尔、卢卢、瓦朗坦、安布尔、罗萨丽亚和阿蒂尔，

是你们使此书得以尽快完成……

浪花朵朵

周末去观星

LE SUPER WEEK END DE L'ESPACE

［法］佳艾尔·阿尔梅拉 著

余宁 译　后浪漫 校

海峡出版发行集团 THE STRAITS PUBLISHING & DISLISHING GROUP ｜ 海峡书局

欢迎来到迷人的新世界：我们的天地！

请在三位淘气小伙伴的陪同下，探索我们天上的家园。老鼠、鸭仔和海狸，他们三位个性各不相同，拥有或多或少的科学知识，对天空多多少少怀有兴趣。

这趟旅行使他们相信了一件重要的事，我们生活在一个壮美的世界中，怎可对这样的天地不闻不问呢？

只需一架双筒望远镜和一只用红纸减弱了光线的手电筒，就能使孕育你生命的宇宙在你面前展现开来。

男孩女孩们，不论大小，尽情遨游吧！用心感受吧！你们定会收获满满！

祝星系级好！

天体物理学家和宇宙志专家

埃莱娜 · 库尔图瓦

浪花朵朵

周未去观星

LE SUPER WEEK END DE L'ESPACE

[法] 佳艾尔·阿尔梅拉 著

余宁 译　　后浪漫 校

海峡出版发行集团 | 海峡书局
THE STRAITS PUBLISHING & DIBLISHING GROUP

欢迎来到迷人的新世界：我们的天地！

　　请在三位淘气小伙伴的陪同下，探索我们天上的家园。老鼠、鸭仔和海狸，他们三位个性各不相同，拥有或多或少的科学知识，对天空多多少少怀有兴趣。

　　这趟旅行使他们相信了一件重要的事，我们生活在一个壮美的世界中，怎可对这样的天地不闻不问呢？

　　只需一架双筒望远镜和一只用红纸减弱了光线的手电筒，就能使孕育你生命的宇宙在你面前展现开来。

　　男孩女孩们，不论大小，尽情遨游吧！用心感受吧！你们定会收获满满！

　　祝星系级好！

天体物理学家和宇宙志专家

埃莱娜 · 库尔图瓦

开 篇

天文学就在身边

天文学被很多人视为科学之母！

它是研究天空、星星和更为宽广的宇宙的科学。

老鼠的天文观测站

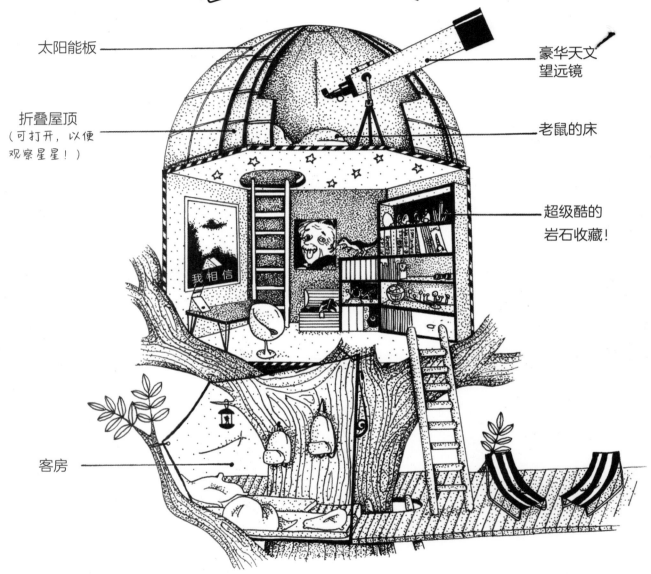

太阳能板

折叠屋顶
（可打开，以便
观察星星！）

豪华天文
望远镜

老鼠的床

超级酷的
岩石收藏！

客房

天文观测站是人们观看夜空的场所。
它远离城市灯光，并配备了各式观测仪器。

还有曲奇饼干储藏室！

 宇宙的地址

首先，我们要知道自己
在宇宙中的地址！
地球是太阳系八大行星中
的一员！

而太阳系又是银河系内众
多恒星系中的一员！

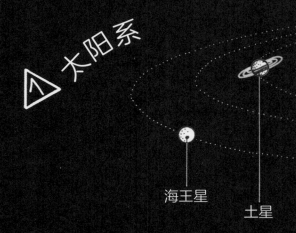

△1 太阳系

海王星　　土星

△2 银河

这是我们的星系。

太阳在那儿！
非常小！

银河是
螺旋状的！

也有其他形状
的星系！

不规则形
和
椭圆形

一些科学家认为，这些其他
的形状，是两个螺旋形的星
系碰撞时的不同演变阶段。

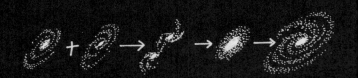

金星　水星　太阳

这是地球！

火星　木星　天王星

3 本星系群

银河系属于由五十来个星系组成的集团，这个集团叫做本星系群。很多很多年以后，银河系的邻居仙女座星系将会与银河系发生碰撞，合二为一，形成一个超大的星系……

如果银河是螺旋状的，为什么我们在天空看到的只是一道线呢？

我们的银河系是扁平的。

就像一张比萨饼！

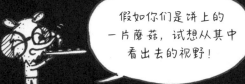

假如你们是饼上的一片蘑菇，试想从其中看出去的视野！

比萨饼……　比萨饼……

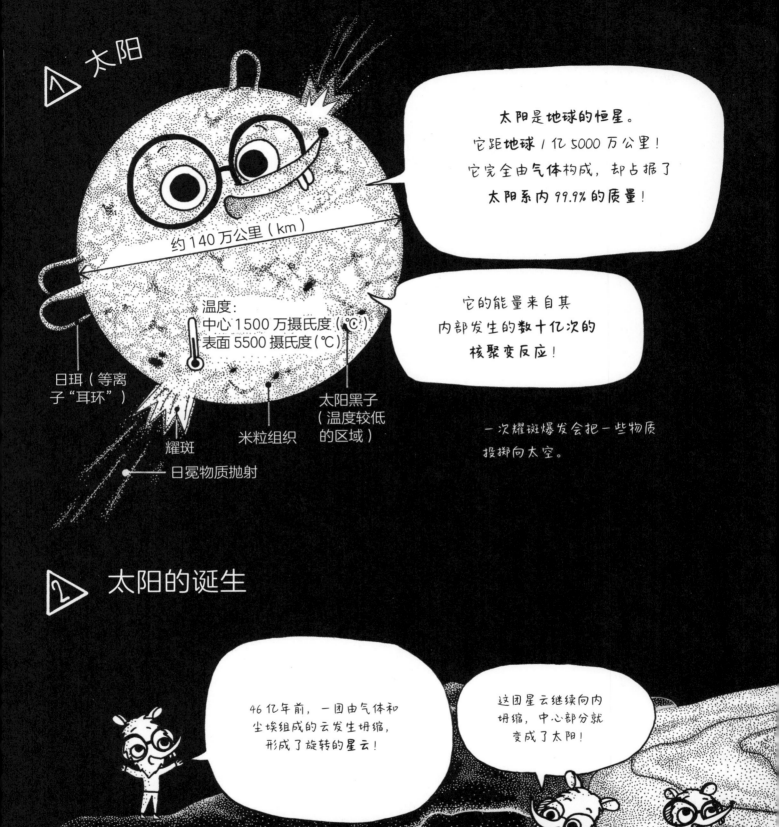

1 ▷ 太阳

太阳是地球的恒星。
它距地球 1 亿 5000 万公里！
它完全由气体构成，却占据了
太阳系内 99.9% 的质量！

它的能量来自其
内部发生的数十亿次的
核聚变反应！

一次耀斑爆发会把一些物质
投掷向太空。

约 140 万公里（km）

温度：
中心 1500 万摄氏度（℃）
表面 5500 摄氏度（℃）

日珥（等离子"耳环"）

耀斑

日冕物质抛射

米粒组织

太阳黑子（温度较低的区域）

2 ▷ 太阳的诞生

46 亿年前，一团由气体和
尘埃组成的云发生坍缩，
形成了旋转的星云！

这团星云继续向内
坍缩，中心部分就
变成了太阳！

这些抛射并不危险，还为地球
增添了一种极美的景象：

极光

哇哇哇哇哇哇！

在北极叫北极光，
在南极叫南极光！

靠近太阳的尘埃主要由
金属和岩石构成，它们
彼此聚拢，形成了
岩质行星！

离太阳越远，气体和
冰块便越多，它们形成了
气态行星！

剩下的尘埃继续
绕太阳旋转，
并变得扁平！

行星的形成

岩质行星

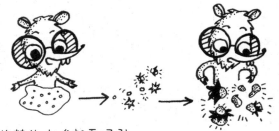

旋转的尘埃相互吸引，
变成某种小石块。

在相互融入的过程
中，石块变热。

岩石熔化，全部
融合在一起！

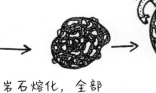

岩石块聚合成
一团……

在旋转的过程中
变成圆球形！

闪亮登场！

地幔
地核
地壳

一颗岩质
行星形成了！

是啊，
这全程可
花费了数
百万年！

气态行星

固体核　气体

我们不能站
在上面！

哈哈！你的手臂
没进去了！

剩下的尘埃呢？

小行星带

（夹在岩质行星和气态行星之间）

它由众多岩石块（小行星）组成，
这些岩石块是和太阳系同时产生的，
却没有形成行星。这很可能是由于
它们所处的特殊位置，正好位于火星
和木星之间。

谷神星

940km

在这个地带
甚至还有一颗
矮行星！

柯伊伯带

位于太阳系的边缘，在这里发现了
一些彗星和矮行星，比如鸟神星、
阋神星和冥王星（2006 年由行星
降级为矮行星）！

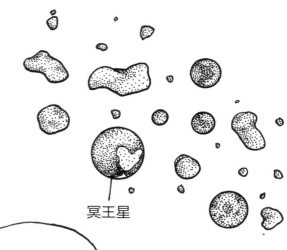

冥王星

我喜欢
冥王星！

它好像从前
是太阳系第九大
行星来着！

没错！但它绕太阳
旋转的轨道中夹杂
其他天体，这与独自
运行在自身轨道的
行星有所不同！

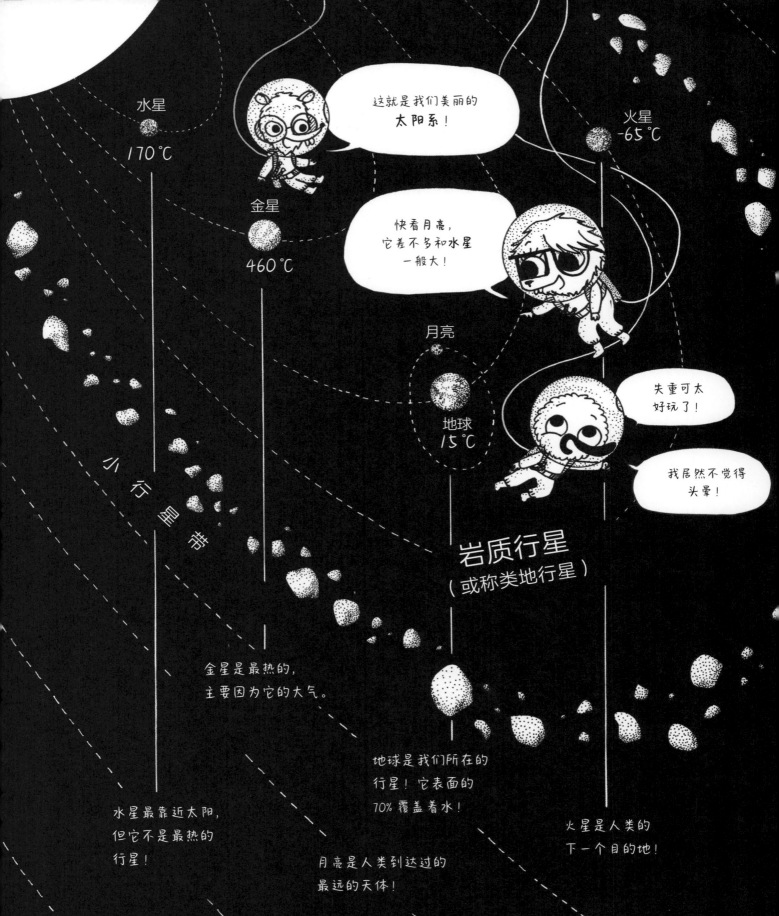

木星是太阳系最大的行星，也是卫星数最多的行星！

气态行星

木星
-160℃

木星上有个
大红斑！

对，那是一场
大风暴，它在那里
已经有好多个
世纪啦！

海王星

-220℃

人们也把它和天王星
一起称为冰巨星！

土星非常好辨认！它的那些环由岩石、
尘埃和冰块组成。土星环的平均厚度约为
10米，平均宽度可达20万公里！从地球上
只需要普通的双筒望远镜就可以看到土星环！

土星
-190℃

-220℃ 天王星

天王星也有一个行星环，
但要小得多！

雨停了！
太阳又出来了！

这究竟是什么？

彗星吗？

小行星吗？

彗星 80% 由水构成。
我们习惯上称它为"脏雪球"！

当它远离太阳时，水保持在固态，
但靠近太阳时，高热使水变为了气态。

这使彗星在背向太阳的方向长出了
两条长长的尾巴！

小行星通常位于小行星带！

偶尔会有个别小行星脱离轨道。
一旦有小行星进入到距地球 800 万
公里内的范围，它便会被我们严密
监控起来！

罗塞塔号
彗星探测器

气体的尾巴

尘埃的尾巴

菲莱登陆器

丘留莫夫 -
格拉西缅科
彗星

流星吗？

2014 年，罗塞塔号彗星探测器
派出菲莱登陆器探索
丘留莫夫 - 格拉西缅科彗星！

流星并不是星星……

同陨石一样，这是一些进入大气
层时燃烧着的石块。但它的体积
太小，所以在落到地面以前就烧
没了！

有不止 100 万颗小行星的直径大于 1 公里。

它们的形状活像土豆！

陨石吗？

陨石是从天而降、落到另一个天体地面的物体。这个地面可以是地球的、月亮的、小行星的……

陨石在进入大气层时，会着火燃烧！所以落到地球的陨石都是一副熔融过的黑乎乎的样子！

5 万年前，一颗直径约 40 米长的陨石坠落在美国的亚利桑那州，形成直径长达约 1250 米的陨石坑！

亚利桑那州的巴林杰陨石坑

八月是观测流星的最佳时节。我们称这时的流星群为英仙座流星雨，因为它们似乎来自英仙座！

杀死恐龙的就是它：
陨石！

呃，看见一颗就要许一个愿吗？

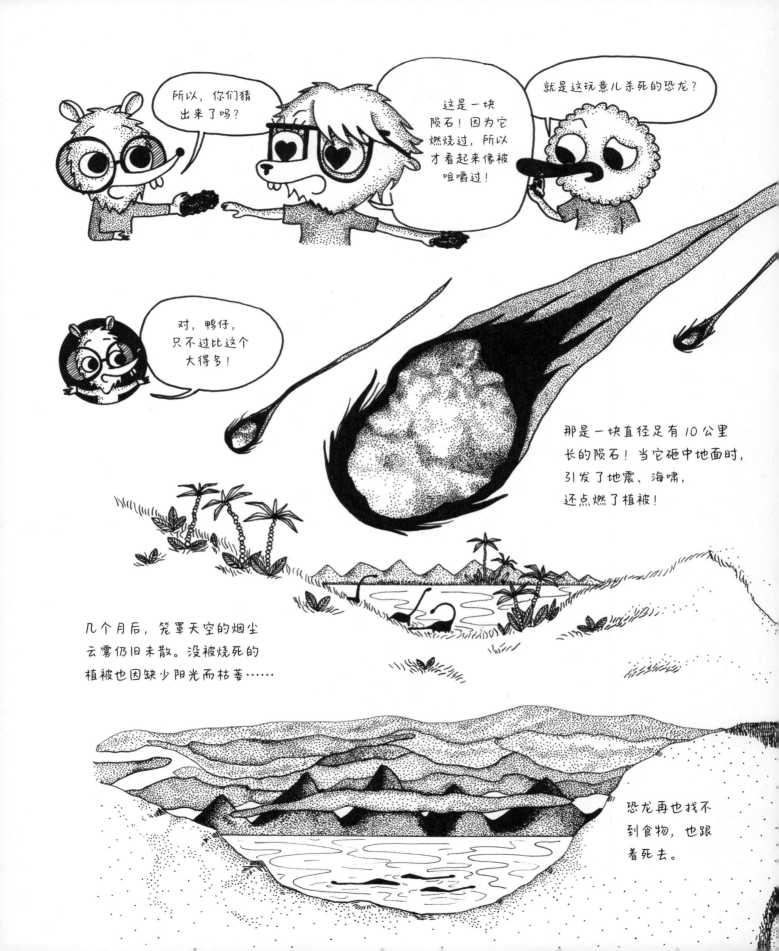

天文望远镜

这是一种观测用的仪器，运用了透镜的放大作用，与双筒望远镜工作原理类似。伽利略在 1609 年首次使用它观测了天空！之后，约翰尼斯·开普勒对它进行了改进。

与普通望远镜不同的是，天文望远镜里安装了转像棱镜系统！

月球探秘

月亮是地球唯一的天然卫星。
它绕地球转一圈的时间是 28 天！

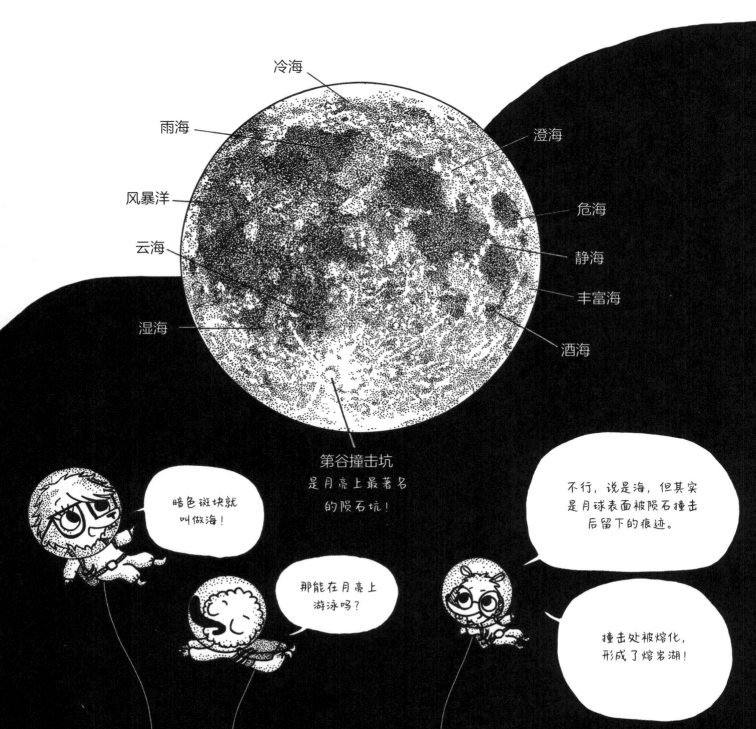

月亮的诞生

太阳系刚刚形成时，
有比现在更多的行
星围绕太阳运行！

其中一颗叫做忒伊亚
的星体撞上地球，
形成了尘埃云。

这些尘埃越聚越紧，
同时还绕着地球旋转。

最终形成了月球！

 ## 月相变化

自转的月亮绕地球旋转，地球又绕太阳旋转！

月球所处位置不同，被太阳
照亮的部分也就不同。所以
月亮看上去才总在变换形状！

这是我们在地球
上看到的月亮的
样子！

盈凸月

上弦月

满月

蛾眉月

地球

亏凸月

新月

下弦月

残月

太阳

3 ▷ 月亮的暗面

月亮绕地球转一圈是 28 天,
它自转一圈也是 28 天……
这种完全的"同步"使我们总是
只能看到月亮的同一面!
所以才有了月亮的"暗面"
这么个说法!

不要太
害羞嘛。

这一面
也有很多
陨石坑哦!

4 ▷ 日食

在新月时,当月亮正好挡在太阳前面时,
就会发生日食。
这使得地球上在小范围区域内,
白天如夜晚一般漆黑。
这就是日全食了!
观测日食,需要一副特殊的眼镜!

新月时的月亮并没有消失,
只不过太阳照亮的是
它的暗面。

很高级吧!

超帅的!

我说的是
眼镜……

地球

月亮

月亮虽比太阳小得
多,但因为离地球
更近,所以可以在
"日全食"时完全
挡住太阳!

人类登上过月球！

月亮距离地球 384400 公里。
1969 年，阿波罗 11 号花了 4 天时间到达月球，
尼尔·阿姆斯特朗是第一个登上月球的人。
1969 到 1972 年间，总共有 12 个人有幸登上月球，
全部是美国人。自那以后人类再未重返月球……
没有一位女性到达过月球！

为什么呢？

那时的技术手段有限，
人们只能带回样品，
一共带回来了 6 次。

登月再没有实质上的意义，
尤其花费还特别昂贵！
不过现在，人们已经
开始规划建立月球基地，
并在那里进行实验！

人类还会重返月球！

老鼠！
这里还留着人类
的脚印呢！

正常！月亮上
既不下雨也不
刮风！

个人的一小步，
人类的一大步！*

*尼尔·阿姆斯特朗登月后说的第一句话！

为什么从没有女性去往太空呢？

对啊，为什么呢？

我说的是登月，不是去太空！

杰出的太空女性！

自从人类开始探索宇宙，先后有60多名女性去往太空！

瓦莲京娜·捷列什科娃

第一位女太空人！在第一位男太空人尤里·加加林进入太空的两年之后！

1963

1983

萨莉·赖德

美国首位进入太空的女宇航员！

克洛迪·艾涅尔

法国第一位女宇宙飞行员！

1996

2012

刘洋

中国第一位女航天员！

或许有一天……海狸会成为第一位登月的女性！

海狸

星星的一生

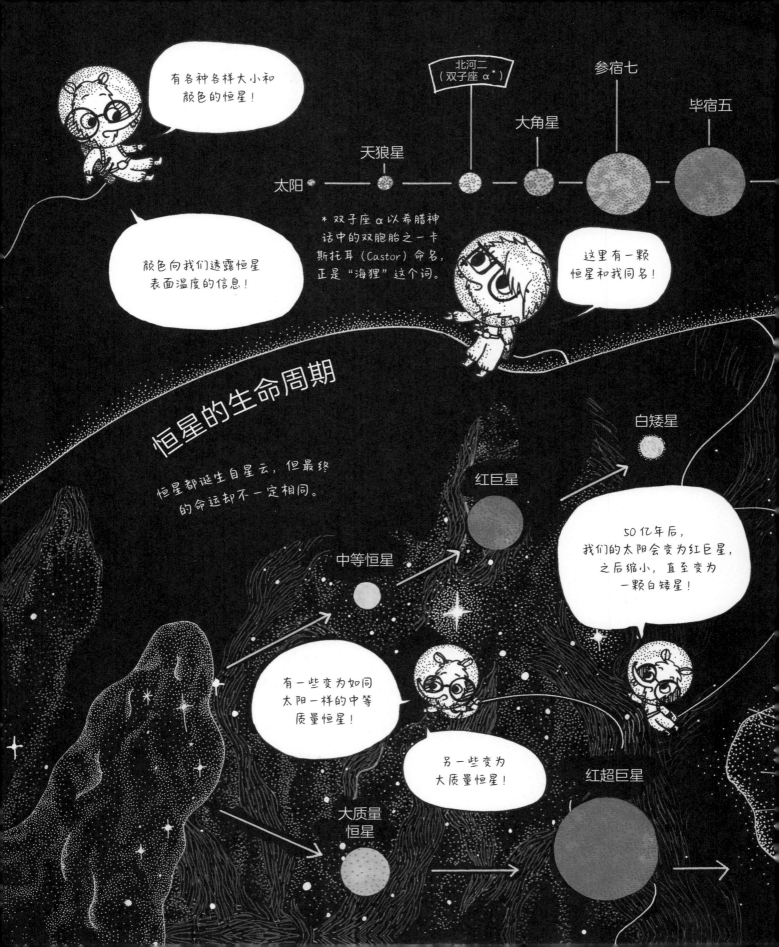

全天星图

从地球上看，群星小巧闪烁，
好像贴在一块巨大的漆黑幕布——天穹之上！
它们总是处于这个球幕的同一位置，
彼此之间的相对关系不变。

但由于地球的自转，我们有种错觉，
就是群星仿佛在围着我们转：
这叫做天体视运动！

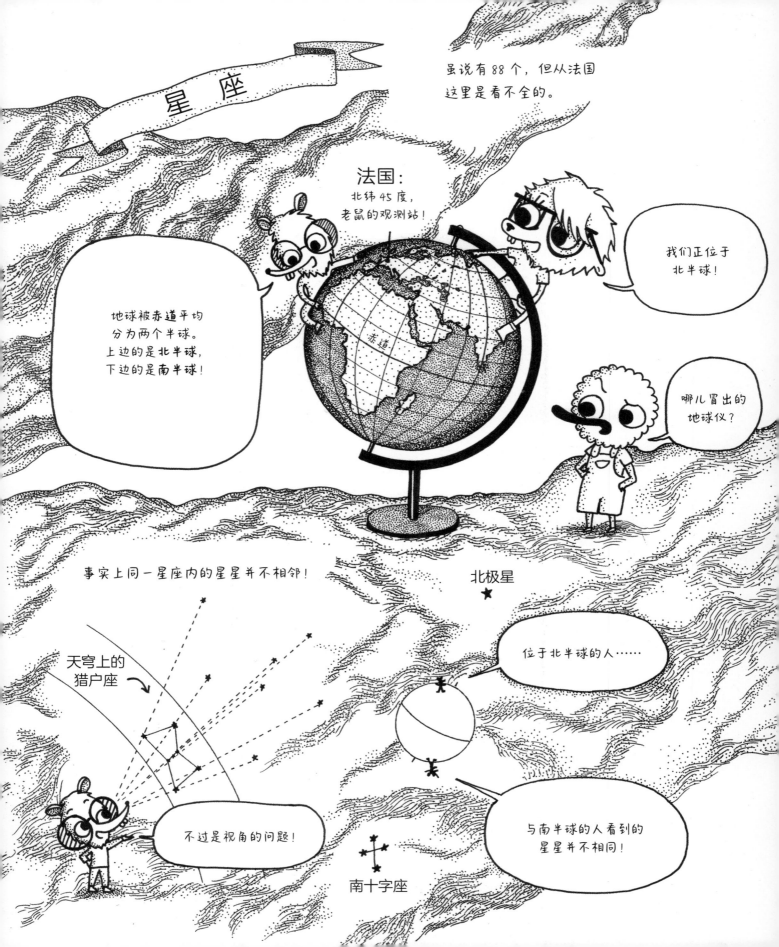

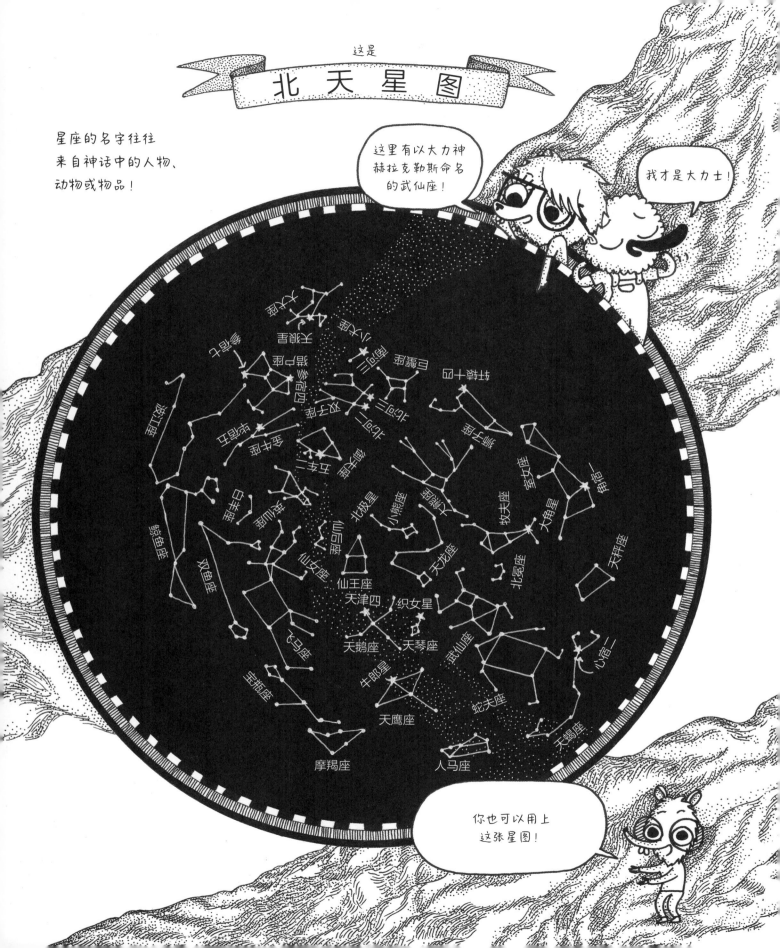

北极星

如果可以把夜晚的时间快进，
天空中的景象就会像这样！

黄道带的海盗们

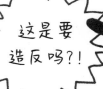

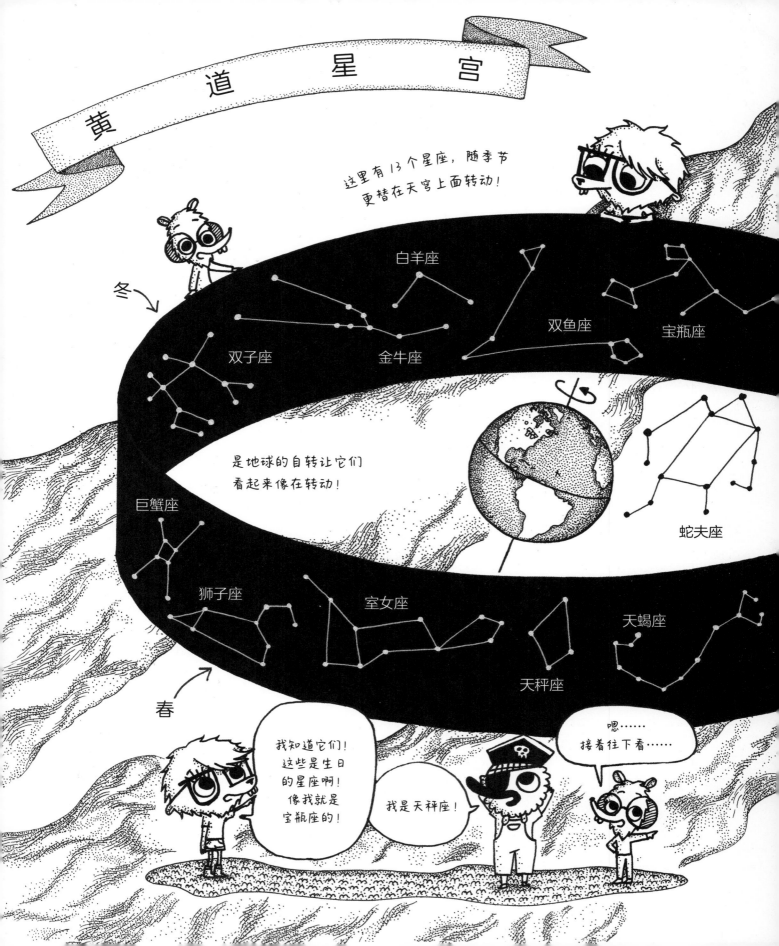

太阳和行星在天空中依次从 13 个
黄道星官前经过。

如果抓取瞬时，就会看到这样的情形！

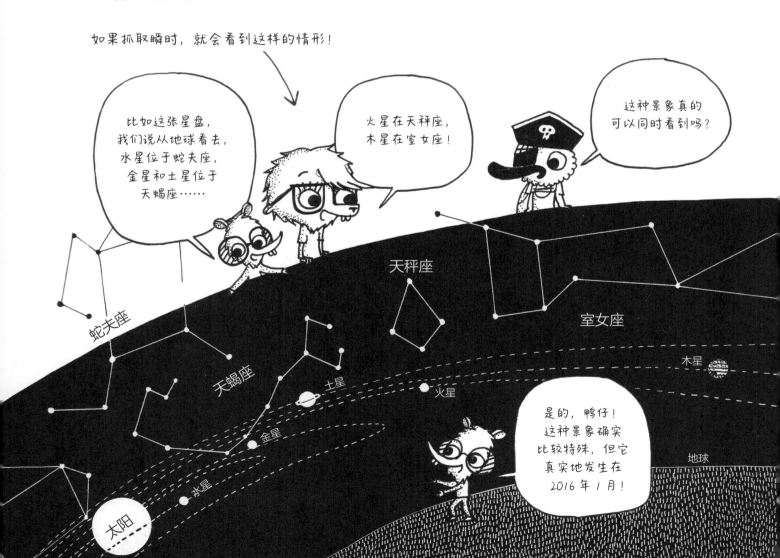

肉眼看去，行星与恒星非常像，所以需要学会定位它们！

定位行星

1. （背对北极星）面朝南方，找到黄道带！

2. 对比天空中和星图上的黄道星座！寻找差异！

辨 认

水星 离太阳极近。

⚠ 千万不要在没有特殊滤光片的情况下直视太阳！

金星 也被叫做牧羊人之星！它极其明亮，哪怕在天黑前或是早上都可以看到！

我找到狮子座了，在那里，它下面有一颗很亮的星……

对了，那就是一颗行星！

火星
因它的地表成分富含铁而呈现红色！

3. 拿出双筒望远镜、折射望远镜或反射望远镜，观测行星！

可你怎么知道看到的是哪颗行星呢？

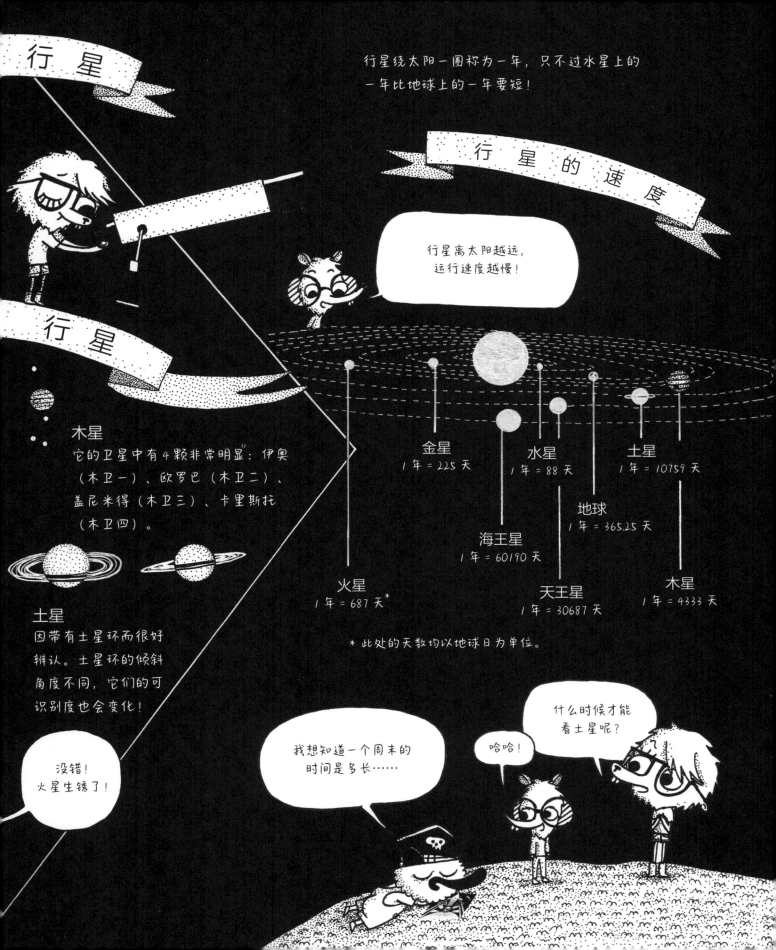

 # 烧烤的光谱

你是说，根据一颗星星的颜色就能判断它的温度？

我不信！

没错！从它们发出的光，我们能得到好多信息！

首先当然是温度！
但还有质量。
这叫**光谱测定法**！

所以我们才能知道关于星星的那么多事，尽管它们离得那么远……

没错！而且啊，还有更烫的蓝色星星！

前方闪避！

蓝色？

啊呵呵呵呵呵！

炭火烤得不够快！

美丽的彩虹

可见光

棱镜是特殊形状的玻璃，可以使光发生分离！

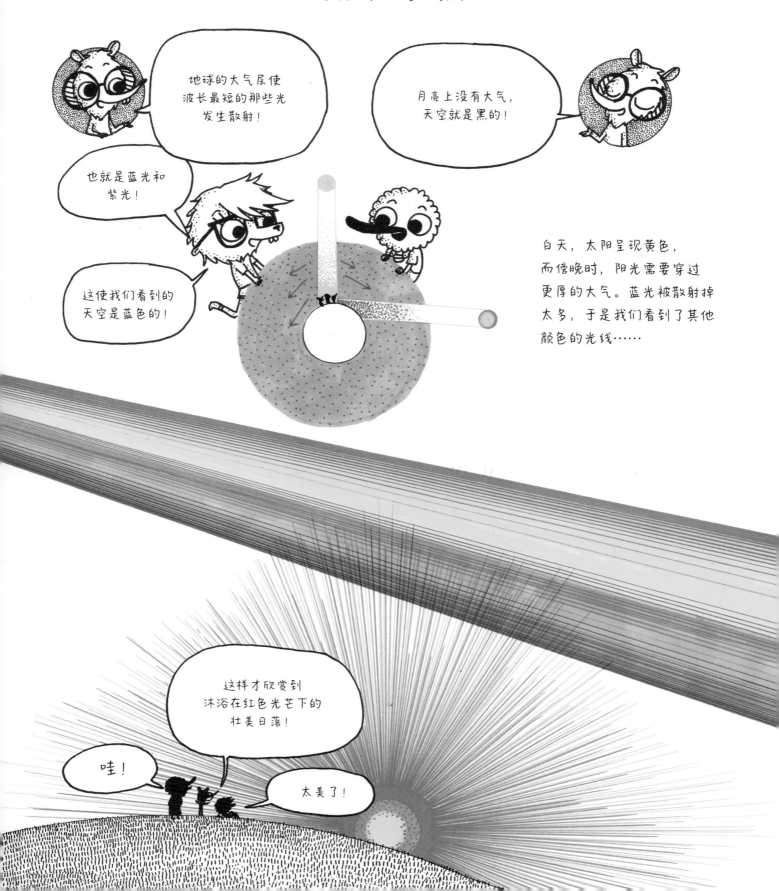

② 不可见光

可见光谱只是阳光中我们能看见的一部分。

只有这一段！

伽马射线	X 射线	紫外线	红外线	微波	无线电波

在包含所有波长的电磁频谱中，它们所占的比例少之又少！

那里有烧饭用的微波！

真的！无线电竟然也是一种光呢！

X 射线

啊啊啊！！！

看我！

X 射线应用于透视检查，或在机场查看行李里装了什么东西！

紫外线
（或称 UV）

它的波长比紫光还要短！有了它，我们才能够在夏天晒黑……

或者是被晒伤！

红外线

红外线的波长比红光的还要长！
红外线的意思是"在红光的下面"！

威廉·赫舍尔
在 1900 年发现
了它。

是我！

他借助棱镜分离了光线。
随后他放置了 3 个温度计：

1 — 一个放在红光处，

2 — 一个在红光下面……

3 — 另一个更远些！

哇！

他由此发现第二个温度计的
温度最高，从而证明了
不可见光的存在！

用红外线看猎户座

红外线在天文学中非常有用，
它让热量变得可见。它能够
揭示肉眼看不到的东西，
比如被尘埃云遮挡的东西！

这是猎户座
的可见光！

猎户星云

这是红外线的
样子！

宇宙大爆炸

我们称宇宙的起点为：大爆炸！
我们的宇宙有 136 亿岁，而我们能
看到它 38 万岁的时候是这个样子！

如果宇宙拥有历史，就必然有一个起点！

这幅图叫做"宇宙微波背景辐射"，这些光遗留自大爆炸，如同太空化石一般！

这是我们能看到的最远的光！

厉害！

像恐龙一样的化石！

夸克和电子

物质

不到 1 秒

嘭！

大爆炸

这个词最早由物理学家弗雷德·霍伊尔在英国广播中提出，原本为了嘲笑这个解释："我可不相信宇宙在一次大爆炸的巨响声中便诞生了！"

尾 声

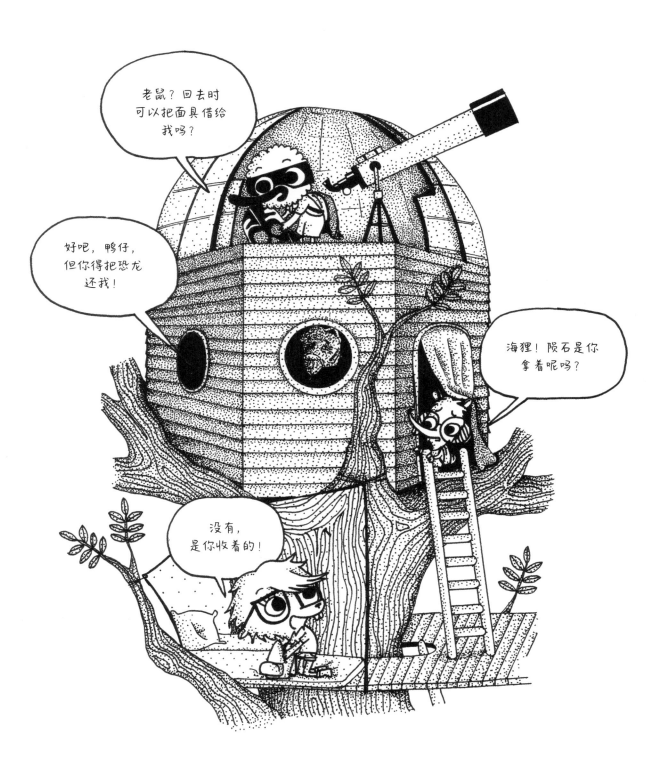

现在就来

变身为

天文学家！

所需器材！

一开始，一架双筒望远镜就很够用啦！

老鼠有一架折射望远镜，它利用了透镜的放大原理！

以上器材的原理均是收集光线。口径越大，你能在天空看到的星星就越多！千万注意，没有滤光片时一定不要直视太阳哦！

反射望远镜
需要利用一组反射镜来放大！

极轴需与北极星对齐！

计划你的野外天文观测！

1. 确认天空晴朗！

2. 出发之前，确认行星在黄道星官的位置！

3. 确认当天不是满月，因为月光会掩盖大多数星星！

4. 远离一切光源！

5. 你需要准备：
   - 一张星图
   - 双筒望远镜
   - 一盏发红光的灯，它不会晃眼，却可以让你看清星图！
   - 一张野餐垫

还有你的书！

和曲奇饼干！

观 测 月 亮！

你可以用双筒望远镜直接观测月亮，
因为它不像太阳，不是自身发光的！
最好是观察上弦月或下弦月。
比起明亮的满月，阴影与光亮的
对比可以使陨石坑变得更明显！

你可以借助
单词形态来区分
上弦月和下弦月！
（在法语中，"上弦"
以 p 开头，"下弦"
以 d 开头）

上弦月
Premier

下弦月
Dernier

观 测 星 空！

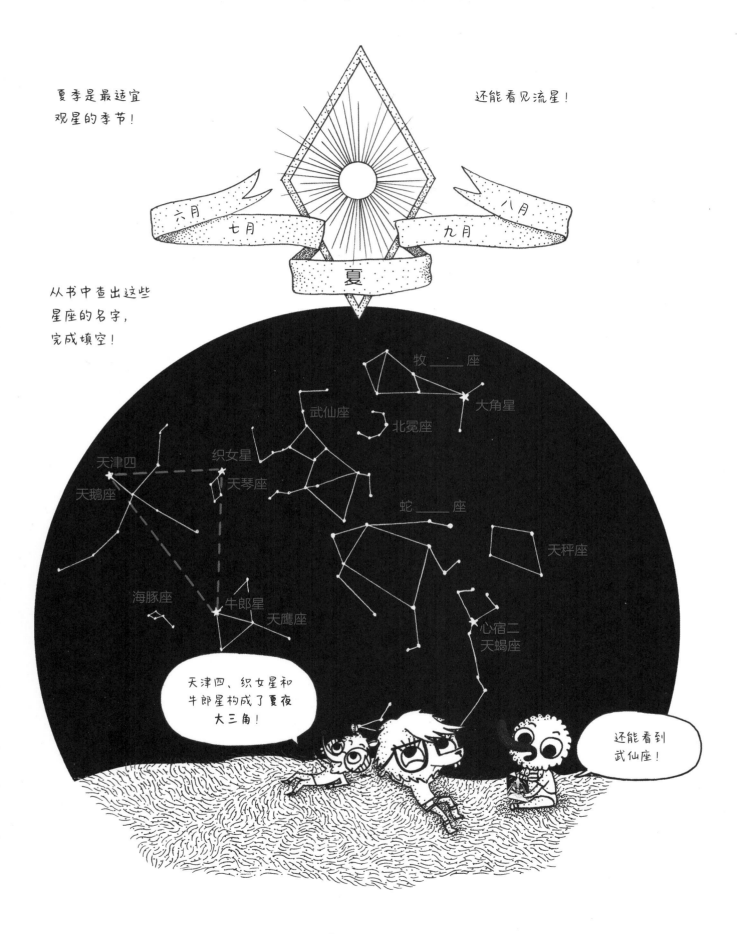

秋天可以看到猎户座、
金牛座和昴星团！

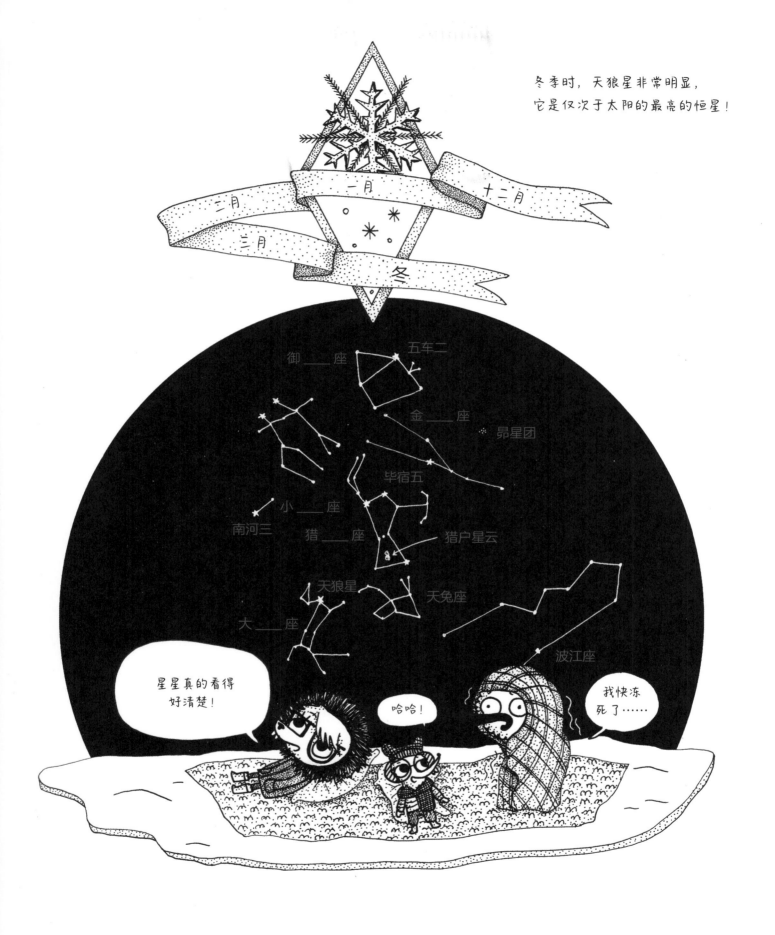

致谢名单！

感谢国家图书中心和奥弗涅-罗讷-阿尔卑斯大区图书与阅读协会的支持。

我要再次感谢埃莱娜·库尔图瓦帮我审稿并提出建议，感谢她施以的殷切援手和信任。
感谢让-弗朗索瓦·冈萨雷斯在本书创作进入尾声时帮我审稿，这让我特别安心。

感谢西蒙·梅耶尔的关注，感谢瓦尔特·居约和安娜·蒂博看到我身上沉睡的科普之魂。感谢阿德里安·维西阿纳的建议、他的严格和那个 365.25 天。

感谢帕尼亚·拉比普尔的启发，感谢朱利安·朗贝尔为我审终稿，还有我在天文馆所有的科普同事，感谢他们的耐心和讲解。感谢阿桑普塔·洛潘不遗余力的支持。

以及其他所有未能一一列举名字的工作人员，感谢他们对我的亲切接待。

感谢阿纳和阿纳-贝内迪克特二人的聆听，感谢她们对我项目的尊重：那些黑白构图、上色位置、增加的页面、减少的文字、突发奇想和恐慌的邮件、最后一刻的更改和"大牌巨星"般的任性。感谢弗雷德里克·巴塞的建议和他对我大片黑白色块的耐心。

感谢乔听我讲双子星卡斯托耳的故事并忍受我糟糕的拼写。

感谢皮埃罗总能激励我做这本书，并将它做到最好。

感谢玛丽为我带来的笑料和放松。感谢我的妈妈和奶奶，我有时会因为我的"行星引力"而远离她们，但我非常爱她们。感谢舒利充当我最棒的鸭嘴兽。

感谢埃洛、什洛埃、马蒂亚斯、奥德、多里和罗布为我打气。感谢尼科的笑话。

感谢马蒂和罗曼教我 Photoshop（图像处理软件）。感谢皮埃尔为我纠正拼写错误。总之，感谢 101 度工作室的所有小伙伴，接纳我的点点滴滴、我的兴奋与失望，还有我的歌喉。

感谢克莱鲁和乔反复阅读我没完没了的文档。感谢庞皮和戈里向乔治出版社提到他们的朋友海狸姑娘。感谢所有的朋友，邦雅曼、马尔戈、尼科、埃丝特勒、弗拉基、德尼、大朱、格洛布……感谢他们不厌其烦地让我骚扰过、骚扰着和将来还要骚扰。

图书在版编目（CIP）数据

周末去观星 /（法）佳艾尔·阿尔梅拉著；余宁译
. -- 福州：海峡书局，2023.11
ISBN 978-7-5567-1111-6

Ⅰ.①周… Ⅱ.①佳… ②余… Ⅲ.①宇宙—儿童读
物 Ⅳ.① P159-49
中国国家版本馆 CIP 数据核字 (2023) 第 076987 号

Le Super Week-end de l'espace by Gaëlle Alméras
Copyright © Éditions Maison Georges
Georges is a registered trademark by Editions Maison Georges.
Translation copyright © 2023, Ginkgo (Beijing) Book Co., Ltd
This edition was published by arrangement with The Picture Book Agency, France and Ye Zhang Agency. All rights reserved.

本书中文简体版权归属于银杏树下（北京）图书有限责任公司
著作权合同登记号　图字：13—2023—082

出 版 人：林　彬
选题策划：后浪出版公司　　　　　　　出版统筹：吴兴元
编辑统筹：吕俊君　　　　　　　　　　责任编辑：林洁如　魏　芳
特约编辑：蒋潇潇　　　　　　　　　　营销推广：ONEBOOK
装帧制造：墨白空间·闫献龙

周末去观星

ZHOUMO QU GUANXING

著　　者：［法］佳艾尔·阿尔梅拉　　　　译　　者：余　宁
出版发行：海峡书局
地　　址：福州市白马中路 15 号海峡出版发行集团 2 楼　　邮　　编：350004
印　　刷：天津图文方嘉印刷有限公司　　　　　　　　　　开　　本：889mm×1092mm　1/16
印　　张：5.75　　　　　　　　　　　　　　　　　　　　字　　数：15 千字
版　　次：2023 年 11 月第 1 版　　　　　　　　　　　　印　　次：2023 年 11 月第 1 次
书　　号：ISBN 978-7-5567-1111-6　　　　　　　　　　　定　　价：82.00 元

读者服务：reader@hinabook.com 188-1142-1266
投稿服务：onebook@hinabook.com 133-6631-2326
直销服务：buy@hinabook.com 133-6657-3072
官方微博：@ 浪花朵朵童书

后浪出版咨询（北京）有限责任公司　版权所有，侵权必究
投诉信箱：editor@hinabook.com　fawu@hinabook.com
未经许可，不得以任何方式复制或者抄袭本书部分或全部内容
本书若有印、装质量问题，请与本公司联系调换，电话 010-64072833

中子星：

自我坍缩的恒星。其中
一些变身为脉冲星。

超新星：

恒星在超级明亮的爆炸中壮烈死亡！

黑洞：

恒星自我坍缩后，形成的极其密实
的天体，任何物质，哪怕是光线，
都难以从黑洞逃脱！